Dusan Spasov
Biljana Atanasova
Dragica Spasova

Manual de cultivo de pimentos

Dusan Spasov
Biljana Atanasova
Dragica Spasova

Manual de cultivo de pimentos

ScienciaScripts

Imprint

Cover image: www.ingimage.com

This book is a translation from the original published under ISBN 978-620-8-11674-3.

Publisher:
Sciencia Scripts
is a trademark of
Dodo Books Indian Ocean Ltd. and OmniScriptum S.R.L publishing group

120 High Road, East Finchley, London, N2 9ED, United Kingdom
Str. Armeneasca 28/1, office 1, Chisinau MD-2012, Republic of Moldova, Europe
Printed at: see last page
ISBN: 978-620-8-15837-8

MANUAL DE CULTIVO DE PIMENTOS

DUSAN SPASOV BILJANA ATANASOVA DRAGICA SPASOVA

STRUMICA, 2024

ÍNDICE

INTRODUÇÃO

O pimento (Capsicum annum L.) tem grande importância económica e pertence ao grupo das culturas hortícolas mais importantes. Os frutos do pimento caracterizam-se por elevados valores nutricionais e gustativos, o que se deve ao teor relativamente elevado e à relação harmoniosa de açúcares, ácidos, vitaminas e substâncias minerais. O teor de vitamina C no fruto fresco do pimento é 3-4 vezes superior ao do limão (até 400 mg/100g). As proteínas são representadas por 1,4%, as substâncias sem azoto por 5,44%, a celulose por 1,8% e as substâncias minerais por 0,69%. O pimento pode ser utilizado de diferentes formas, como fresco, em conserva, cozido, congelado, como complemento de vários pratos, e na indústria, como matéria-prima para vários tipos de transformação. Nalgumas regiões, esta cultura tem uma longa tradição. Para além do campo aberto, pode ser produzido em diferentes tipos de áreas protegidas, como estufas. Pertence ao grupo das culturas hortícolas intensivas, porque exige a contratação de uma grande quantidade de mão de obra. É uma cultura altamente acumulativa, porque dá um rendimento elevado por unidade de superfície. Para obter rendimentos elevados e estáveis, é necessário proporcionar um solo fértil e estrutural, manter a rotação de culturas, um tratamento de qualidade do solo, tanto de base como antes da sementeira, bem como a aplicação de fertilizantes orgânicos e minerais. O êxito da produção de pimento depende também da produção de plântulas de qualidade, da sementeira atempada para a produção de plântulas, do cuidado e da preparação das plântulas para a plantação. Obtêm-se rendimentos estáveis e elevados aplicando tecnologias de cultivo adequadas durante a estação de crescimento, com o controlo adequado das ervas daninhas, doenças e pragas, bem como a colheita atempada dos frutos de pimento, tanto ao ar livre como em zonas protegidas.

Nos últimos anos, a necessidade de favorecer a produção de pimentos com padrões mais elevados em termos de segurança alimentar e a necessidade de proteger o ambiente tornou-se necessária. Para a competitividade dos nossos produtos nos mercados que tradicionalmente possuímos, mas também para a conquista de novos mercados na União Europeia, é necessário introduzir normas de segurança alimentar. Este favoritismo para a produção de pimentos de acordo com normas mais elevadas do que as convencionais é também solicitado pelos transformadores que comercializam os seus produtos nos mercados da UE.

CONDIÇÕES NECESSÁRIAS PARA A CULTURA DO PIMENTO

Nas diferentes fases de desenvolvimento do pimento, as necessidades de calor são diferentes.

Tabela 1. Temperatura necessária em °C em diferentes estágios de desenvolvimento do pimentão

Desenvolvimento fase	Mínimo	Ótimo	Máximo
Germinação	13	20-25	40
Vegetativo crescimento	15	20-25 (dia) 16-18 (noite)	32
Floração e frutificação	18	26-28 (dia) 18-20 (noite)	35

Se a temperatura cair abaixo de 11 °C, ocorre uma percentagem muito baixa de germinação. O crescimento vegetativo pára se a temperatura cair abaixo de 15 °C. Abaixo de 10 °C, as folhas do pimentão começam a ficar amarelas. A 0 °C as plantas morrem. Uma temperatura do ar acima de 30 °C ao ar livre e acima de 35 °C em área protegida reduz a capacidade de fertilização das flores, e os frutos já fertilizados podem cair. Devido à alta insolação e temperatura, como resultado das mudanças climáticas globais, é necessário tomar algumas medidas para reduzir a insolação solar. A elevada insolação solar pode causar queimaduras nos frutos. Para reduzir os danos causados pela elevada insolação, é necessário tomar algumas medidas como a colocação de uma rede adequada para sombreamento, com a folha de polietileno se o cultivo for em estufas. A rede deve ter uma densidade de sombreamento não superior a 30%, com uma cor diferente, verde ou preta. O sombreamento pode ser feito com alguns meios que permaneçam durante muito tempo na estufa sem serem removidos pela precipitação, como o giz para sombreamento numa percentagem adequada. O sombreamento deve ser efectuado nos meses mais quentes do ano (julho, agosto). Durante a produção ao ar livre, se a frutificação coincidir com o período de temperaturas mais elevadas, os danos causados por queimaduras nos frutos podem ser bastante elevados, especialmente nos primeiros frutos, enquanto o pimento ainda não tem massa vegetativa suficiente para proteger os frutos. Com este tipo de produção, é difícil controlar a forte insolação solar. Assim, como alternativa para reduzir os danos, sugere-se o cultivo sob uma rede com sombreamento não superior a 30%. Uma medida importante para reduzir a temperatura e diminuir a elevada humidade relativa nas estufas, mas também para aumentar o fluxo de ar, como processo importante no desenvolvimento das plantas, é a instalação de ventiladores nas estufas. Se as estufas forem de um modelo em que não se podem instalar ventiladores, nesse caso a ventilação pode ser feita abrindo e fechando as aberturas. É preferível que as aberturas de ventilação sejam montadas no teto ou colocadas no alto da parte frontal ou lateral da estufa. Uma boa ventilação, para além das medidas mencionadas, é também muito importante para uma boa fertilização. A humidade relativa óptima para o desenvolvimento do pimento situa-se entre 65-80%. A elevada necessidade de humidade no solo é condicionada pelo sistema radicular pouco desenvolvido e pelo elevado coeficiente de transpiração. As maiores necessidades de água ocorrem durante o crescimento mais intenso. Por isso, para obter um alto rendimento e qualidade, é necessário regar com diferentes doses de água, dependendo do estado de desenvolvimento e do tipo de solo. A humidade elevada pode provocar o aparecimento de algumas doenças no pimento, enquanto a humidade baixa, além de atrasar o desenvolvimento das plantas, pode contribuir para que as flores não sejam fecundadas, pois o pólen seca antes de germinar no pistilo, dando origem a frutos pequenos, deformados, curtos e achatados. Em condições de humidade relativamente baixa e temperatura elevada, a evaporação (transpiração) nas folhas é grande e com uma percentagem elevada. Se o sistema radicular não for capaz de fornecer o volume de água necessário, pode provocar a murchidão parcial da parte superior da planta e o aparecimento de podridões na extremidade da flor. A fim de reduzir a perda de uma quantidade excessiva de água causada por temperaturas elevadas, é necessário efetuar a cobertura morta, ou seja, cobrir a superfície com uma película de cobertura morta que pode ser de cores diferentes, mas é melhor ser preta, cinzenta ou prateada, dependendo do período em que a pimenta cresce. Ao colocar a película de cobertura morta, deve prestar-se atenção à humidade do solo, que deve ser controlada na zona do sistema radicular com instrumentos de controlo, como o tensiómetro. A cobertura com película de cobertura morta também é boa para o controlo das ervas daninhas. O pimento é originalmente uma planta de dias curtos. No entanto, uma vez que o pimento se espalha por uma vasta área, existem atualmente variedades e híbridos que têm sucesso em dias curtos e longos e variedades que não respondem à duração do dia. O pimento tem a maior necessidade de luz desde a germinação até à maturidade fisiológica completa. Para um bom desenvolvimento do pimento, a intensidade da luz é muito importante, o que tem um impacto direto na duração de certas fases do desenvolvimento do pimento. Durante o período de produção das plântulas, a luz é de grande importância. O pimento é uma cultura heliófila. A iluminação óptima é de cerca de 30 000 lux e a mínima de 5 000 lux, dependendo da variedade e das condições de cultivo. Os locais sombrios não são bons para a produção de pimento porque não pode ser cultivado como cultura intercalar nesses locais. Para uma boa iluminação, as fileiras devem ser colocadas na direção norte-sul. Devido à falta de luz suficiente, as plantas alongam-se, as flores e os frutos jovens caem à medida que a massa vegetativa aumenta.

LOCAIS E SOLOS ADEQUADOS PARA A CULTURA DO PIMENTO

Ao cultivar pimenta, é necessário escolher locais bem iluminados, sem sombras ao longo do dia e sob iluminação direta. A área de escolha das localidades é grande.

O solo onde o pimento é cultivado deve, em geral, apresentar os valores óptimos dos seguintes parâmetros do solo, indicados no quadro 2.

Quadro 2. Valores óptimos dos parâmetros do solo para a cultura do pimento

Soil parameters	Optimum values
Mechanical composition	Loamy or sandy loamy
Drainage	Good
Groundwater	>80 – 100 cm
Effective depth	30 cm
pH	6,5 – 7,5
Total and active limestone	<10
Salinity	Below 3 mS/cm

A produção rentável de pimento exige um nível muito elevado de fertilidade do solo. A qualidade e a quantidade dos frutos do pimento são de importância fundamental e são grandemente influenciadas pela fertilidade do solo e pelos níveis de nutrientes. O pimento cresce muito bem em solos ricos de argila aluvial ou de argila arenosa bem drenados a uma profundidade de até 60 cm, bem fornecidos com matéria orgânica e húmus (3%). Nos solos que contêm uma percentagem elevada de argila, o pimento não dará o resultado esperado.

No entanto, para que seja comercialmente viável, devem ser cumpridos determinados critérios em termos de estrutura e conteúdo do solo. Estes factores incluem: composição dos nutrientes, compactação do solo, profundidade efectiva do solo, pH, rotação de culturas, resíduos de herbicidas, capacidade de retenção de água.

O pimento é suscetível a doenças do solo causadas por fungos, vírus ou bactérias. Por conseguinte, recomenda-se que se evite o cultivo de pimento em parcelas utilizadas nos últimos anos para outras culturas sensíveis (tomate, beringela, batata, batata-doce, algodão, soja e outras). A rotação de culturas é recomendada com uma rotação de 3 anos entre cereais e pimento. Todos estes factores podem ter um grande impacto no rendimento obtido. O solo deve permitir um crescimento adequado do sistema radicular, para que a planta possa receber água, oxigénio e nutrientes minerais sem elementos tóxicos. O desenvolvimento do sistema radicular depende do grau de compactação do solo, ou seja, de quanto a raiz será capaz de formar uma massa radicular maior e da densidade dos pêlos radiculares. A taxa de permeabilidade ao oxigénio no solo depende da compactação do solo e do teor de argila. Um bom sistema radicular é formado se o solo tiver um bom regime água-ar. Para além dos factores mencionados, o teor de matéria orgânica também afecta o bom regime água-ar. A matéria orgânica aumenta a capacidade do solo para reter água e nutrientes e actua como um condicionador do solo, permitindo assim a formação de um sistema radicular maior, ou seja, melhora o regime água-ar do solo. Ao aplicar matéria orgânica no solo, é necessário introduzir matéria orgânica que não contenha quaisquer elementos indesejáveis na nutrição das plantas e que não contenha quaisquer microrganismos patogénicos para as plantas e sementes de ervas daninhas. Para desenvolver um bom sistema radicular, é necessário que a rega não seja abundante no início da vegetação, para que o sistema radicular não se forme na camada superficial do solo.

TIPOS E VARIEDADES DE PIMENTA

A seleção da variedade deve ser feita em função do fim a que se destina: para consumo em fresco, doce ou picante, ou para vários tipos de transformação. Além disso, a escolha deve ser feita em função do local de cultivo, para corresponder às condições adequadas de cultivo. A escolha da variedade, no entanto, depende sobretudo da procura do mercado a que se destina.

As variedades de pimento existentes no mercado diferem em termos de caraterísticas de produção (rendimento, precocidade, resistência a doenças, etc.) e de propriedades morfológicas do fruto (forma, tamanho e cor do fruto no estádio de maturação). As caraterísticas de rusticidade e de resistência/tolerância a doenças e pragas são preferíveis na seleção da variedade. É de notar que qualquer variedade de pimento com as caraterísticas acima referidas pode ser utilizada para a produção.

As informações sobre as caraterísticas e outras propriedades de todas as variedades e híbridos de pimento podem ser obtidas junto dos produtores, importadores e distribuidores de todos os tipos de pimento.

Tipos de pimentão. Este pimento é sobretudo utilizado nos mercados para consumo em fresco. A sua forma é alongada, com uma parte espessa no pedúnculo. As variedades de pimento doce (suave) conhecidas pelos produtores são as seguintes Bela Dolga, Zlaten Medal, Romansa, Zupska rana, etc. Entre os híbridos, os mais comuns são Ringo F1, Selima F1, Silver F1, Orea F1, etc.

Tipos de pimentos picantes. Trata-se de tipos que podem ser utilizados para consumo em fresco, sendo alguns deles utilizados para transformação na indústria conserveira. A sua forma, consoante a variedade, é geralmente mais ou menos alongada, fina e com a mesma largura a todo o comprimento. Existem no mercado diversas variedades e populações: Pepperona, Chorbadziska, Somborka, Sivria luta, etc. Entre os híbridos, Struma F1 e Fortes F1 são os mais representados.

Variedades de pimento vermelho, tipo Kurtovska kapija. Trata-se de variedades que são utilizadas na indústria transformadora para diversos fins, mas que também podem ser utilizadas para consumo em fresco. A sua forma é muito diferente, mas normalmente a largura é mais pronunciada do que noutros tipos de pimento. Podem ser mais curtos ou mais compridos, geralmente com dois lados e três lados. Existem diversas variedades e populações no mercado: Slonovo uvo, Crveno zlato, Slonova noga, Kalifornisko chudo e um maior número de populações locais em diferentes regiões, do tipo Kurtovska Kapia. Entre os híbridos, os mais representados são o Kaptur F1, o Caprima F1 e o Amfora F1.

Tipos de pimento, tipo babura. Este grupo inclui a maior percentagem de pimento doce. Algumas variedades e populações podem também ser picantes. Podem ser de diferentes cores, principalmente amarelo, verde, vermelho e laranja, que são as mais representadas no mercado. São cultivados para diferentes fins, tais como frescos para consumo, para a preparação de pimentos recheados e para outros fins em instalações de transformação e culinária. A sua forma é maioritariamente redonda, com comprimento e largura iguais. Estão representadas no mercado diversas variedades e híbridos, tais como Somborka, Shorokshari, Blondi F1, Ramona F1, Belladona F1, etc.

PRODUÇÃO DE MUDAS DE PIMENTO

O pimento é cultivado principalmente a partir de plântulas, embora também possa ser cultivado por sementeira direta, especialmente o pimento de calibre e algumas variedades de pimento que são cultivadas como especiaria ou para outra transformação. No entanto, com todas as suas vantagens, dá-se mais preferência à produção de pimento por sementeira devido à menor quantidade de sementes, especialmente quando se trata de sementes de pimento híbrido, que são muito mais caras do que as variedades e populações. Quando se produzem plântulas, é possível produzir pimento mais cedo, especialmente quando se trata de produção de pimento em estufa. De acordo com a época de produção do pimento, planeia-se a produção de plântulas, que pode ser: precoce, medianamente precoce, medianamente tardia e tardia. As mudas de pimentão precisam ser produzidas em diferentes tipos de espaço protegido, estufas ou diferentes tipos de canteiros plásticos. Durante a produção de mudas no solo, em canteiros especialmente confeccionados, deve-se dar especial atenção à preparação do solo com um substrato nutritivo que deve ter propriedades físicas, químicas e microbiológicas favoráveis, e tudo isso é condição para a obtenção de mudas de qualidade. Antes da sementeira, o solo dos canteiros deve ser esterilizado química ou termicamente. Dá-se preferência à esterilização térmica. Nas estufas onde as mudas são produzidas no ano corrente, é necessário limpá-las bem, processá-las bem e regá-las abundantemente. Depois disso, cobre-se com um pano de polietileno, que deve ser transparente, não colorido, e com uma espessura de 3-4 microns. Desta forma, a esterilização natural (solarização) é feita com a ajuda da energia solar. O solo sob a folha de polietileno a uma profundidade de 20 cm é aquecido a 70 ºC. A solarização é feita em dias quentes, quando a estufa está livre da produção de mudas. As sementes são semeadas, na superfície do substrato ou no recipiente, cerca de 8 semanas antes da data prevista para o plantio. Para a produção precoce, prevê-se que as plântulas sejam plantadas entre 10 e 25 de março, para a produção média-tardia entre 25 de março e entre 5 de abril para a produção tardia. Estas datas de produção de plântulas referem-se à produção de pimentos ao ar livre. Para a produção precoce de pimentos em zonas protegidas, as plântulas são plantadas entre 10 e 15 de fevereiro. Semear cerca de 6-8 gramas, ou seja, cerca de 1000 sementes por 1 m^2. A distância entre as linhas é de 5 cm e na linha é de 2 cm. Depois de semear as sementes, é necessário pressioná-las lentamente para que entrem em melhor contacto com o solo. Depois disso, as sementes são cobertas com um substrato pronto, a uma profundidade de 1,5-2 cm, e regadas. A partir de 1000 sementes semeadas, produzem-se geralmente cerca de 600 - 700 plantas bem desenvolvidas. O produtor deve fornecer cerca de 1 kg de sementes e uma área de cerca de 100-125 m2, para uma produção de 1 ha. Se as plântulas forem produzidas em estufas com aquecimento, o tempo para a produção de plântulas é reduzido. Se as plântulas forem produzidas sem aquecimento, é necessário instalar adicionalmente túneis baixos, para aumentar a temperatura. A temperatura ideal para a germinação e desenvolvimento das mudas é de 25 - 30 ºC e boa iluminação. Atenção especial deve ser dada à ventilação e rega. Desta forma, a possibilidade de doenças será reduzida. As mudas precisam ser controladas regularmente contra a ocorrência de doenças e pragas. Além disso, é necessário fertilizar as plântulas regularmente. As plântulas também respondem bem à fertilização foliar. Durante a produção de plântulas, a folha de polietileno da estufa deve ter uma maior permeabilidade à luz. No final do período de viveiro, quando é necessário temperar as plântulas, surge a importância da transmissão luminosa da película de polietileno, para facilitar a adaptação do pimento à luz do dia. Dez dias antes da transplantação, a plântula adapta-se gradualmente às condições em que será efectuada a transplantação. Para além de a plântula ficar ao ar livre durante o dia, deve também ser deixada ao ar livre durante a noite, se não houver perigo de geada. Além disso, a rega deve ser gradualmente reduzida. Uma plântula de qualidade deve ter 5-6 folhas bem desenvolvidas, uma altura de 12-16 cm e um sistema radicular bem desenvolvido.

Figura 1. Produção de mudas em canteiros (https://shorturl.at/ckvGL)

As plântulas de melhor qualidade são obtidas quando produzidas em recipientes que podem ser de esferovite ou de plástico. A raiz do pimento é sensível e difícil de regenerar, pelo que o método de produção em recipientes apresenta uma série de vantagens. As plântulas produzidas em recipientes são uniformes e o consumo de sementes é muito menor. O substrato já preparado é melhor para encher os recipientes, visto que tem um regime favorável de água-ar, com nutrientes adicionais, com um bom valor de pH e é esterilizado. As vantagens dos recipientes de esferovite são: a esferovite é um bom isolante, assegura uma temperatura uniforme do substrato, o fundo da abertura está 8-10 mm acima do substrato, o que reduz o aparecimento de pêlos radiculares. Quando colocadas num substrato, são geralmente colocadas em vasos invertidos, o que permite um melhor fluxo de ar quente. As desvantagens são: é necessário um espaço de armazenamento maior, é necessário ter cuidado para que não sejam danificadas por roedores e, devido aos custos de transporte mais elevados, o seu preço é mais alto.

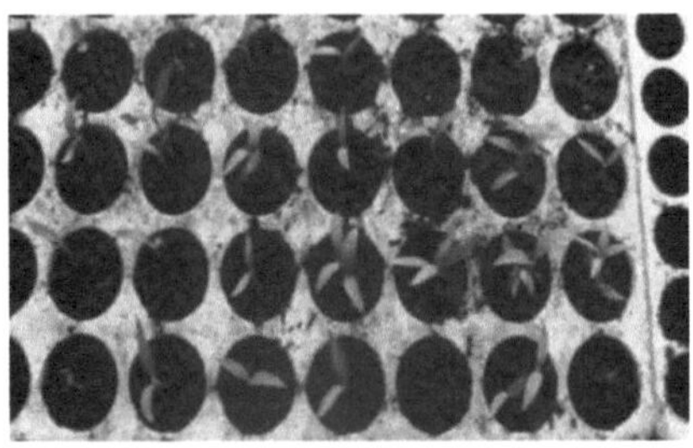

Figura 2. Produção de mudas em recipientes de isopor (https://shorturl.at/fnFT6)

As vantagens dos recipientes de plástico são: têm aberturas maiores, requerem menos espaço de armazenamento e são mais baratos do que os de esferovite. As desvantagens dos recipientes de plástico são: manipulação mais difícil durante o tratamento das plântulas, a extração das plântulas é mais difícil, a colocação de um substrato é mais difícil devido à sua flexibilidade e são difíceis de utilizar com plantadores automáticos de plântulas.

Figura 3. Produção de mudas em recipientes plásticos (https://shorturl.at/arTY0)

Os contentores podem ser enchidos com substrato à mão ou à máquina. Ao encher os recipientes, é necessário que todos sejam enchidos uniformemente até a mesma altura. Após a germinação das sementes, a irrigação deve ser feita com água mole, ou seja, não deve ser muito fria e não deve conter cloro. Dez dias antes da germinação, as mudas devem ser expostas à luz direta, o substrato deve ser moderadamente úmido e ter um sistema radicular bem desenvolvido.

Preparação do solo

A preparação do solo melhora o potencial de produção rentável de pimentos. Qualquer preparação básica do solo deve ter por objetivo criar condições de crescimento que permitam às plantas de pimento desenvolver de forma óptima o seu sistema radicular num perfil de solo específico. As vantagens da preparação do solo são: ausência de restrições ao desenvolvimento das raízes, menor probabilidade de compactação, mais oxigénio no solo, criando um melhor desenvolvimento das raízes, maior rendimento, menores custos de produção, maior crescimento vegetativo, maior tolerância à seca e ao stress, menor possibilidade de ocorrência de doenças radiculares, melhor retenção de água, maior absorção de humidade e de nutrientes. A escolha dos sistemas de lavoura deve ser determinada de acordo com as necessidades da planta e o tipo de solo. Não é possível recomendar um sistema de lavoura normalizado para todos os tipos de solo. A escolha do método de preparação deve ser feita com base no teor de argila do solo. Nos solos arenosos, a tónica deve ser colocada na redução da compactação e da erosão; nos solos mais pesados, é necessário reduzir a formação de crostas. A preparação do solo deve ser efectuada a uma profundidade que varia entre 30 e 40 cm. A principal vantagem de um solo bem cultivado para a produção de pimentos é manter o excesso de água afastado da planta. Deste modo, a oxigenação da zona radicular é melhorada. A maior profundidade do solo na zona de crescimento das raízes tem por objetivo aumentar o desenvolvimento das mesmas e manter as doenças do solo afastadas das raízes.

Plantação e cultivo do pimento

Ao cultivar pimenta em campo aberto, o plantio pode começar quando o perigo de baixas temperaturas tiver passado. A temperatura do solo e do ar deve ser superior a 15 ºC. Se a plantação for feita num período em que a temperatura é baixa, o solo é frio e, nesse caso, o sistema radicular estará pouco desenvolvido, o que atrasa o desenvolvimento de toda a planta. Se a plantação for tardia, as plantas são mais difíceis de aceitar, há falta de humidade e os frutos desenvolvem-se mais lentamente e amadurecem mais tarde. A plantação é efectuada de manhã cedo ou à noite, depois da chuva. Se o tempo estiver seco há muito tempo, a plantação deve ser efectuada após a rega, ou seja, quando o solo secar. A época ideal para a plantação ao ar livre é entre 10 e 20 de maio. Em áreas mais pequenas, a plantação é feita manualmente, enquanto que em áreas maiores, é feita mecanicamente, com plantadores. A distância da plântula depende da exuberância da variedade. A plantação é efectuada a 50-60 cm entre as linhas, para as variedades pouco exuberantes 15-20 cm na linha, para as variedades exuberantes 20-25 cm na linha. Um dos factores mais importantes ao tomar uma decisão sobre o número de plantas por unidade de área e a densidade de plantação, bem como o método de plantação em áreas maiores, onde a maioria das operações deve ser realizada mecanicamente, é o controlo de pragas e doenças, ou seja, o desempenho do controlo químico mecânico. Por conseguinte, é necessário que a cultura seja adaptada de modo a que as máquinas de aplicação de pesticidas possam penetrar nas entrelinhas. Com esta conceção da cultura, o número de plantas é de cerca de 30.000/ha. Isto pode ser feito através da plantação em linhas simples, com uma distância entre linhas de 1,5 m e uma distância de 20 cm entre plantas na linha. Com este sistema de plantação, temos a melhor visibilidade e acessibilidade às plantas, para um bom controlo de pragas e doenças.

Figura 4. Produção de pimento em campo aberto (https://shorturl.at/crEZ6)

Outro método de plantação é a plantação em faixas de duas linhas, em que a distância entre linhas é de 60 cm, a distância entre faixas é de 100 cm e a distância entre plantas numa linha é de 40 cm. A taxa de plantação é de 30 000 plantas/ha. Outro sistema de plantação semelhante consiste numa faixa de duas linhas, com um espaçamento entre linhas de 60 cm, uma distância entre faixas de 100 cm e uma distância entre plantas na linha de 35 cm. Deste modo, a taxa de plantação é de 35 000 plantas/ha.

A vantagem destes sistemas é a obtenção de um dossel denso, que protege os frutos das queimaduras solares. Um efeito negativo pode ser a densidade das plântulas que limita a visibilidade, reduzindo assim um bom controlo das pragas e das doenças.

A plantação é efectuada à mesma profundidade que a profundidade da plântula no substrato. A plantação deve ser efectuada juntamente com a rega se o solo estiver seco. Uma boa medida para a plantação de pimentos é a plantação sobre película de polietileno preto. A vantagem da película em relação à superfície do solo sem película está na aceitação mais rápida das plantas, obtendo-se um maior e melhor rendimento, amadurecimento dos frutos duas semanas mais cedo, e a película de polietileno não permite o desenvolvimento de ervas daninhas. A película é colocada sobre uma superfície moderadamente húmida, com a ajuda de um acessório de trator, que faz armadilhas ligeiramente levantadas e a película é esticada sobre elas. A película deve ter uma largura de 110-120 cm. Quando o solo é colocado de lado, fica um espaço de 80 cm para a plantação em duas linhas. Um sistema de irrigação gota a gota é colocado sob a película. A distância entre as linhas sob a película é de 60 cm. Este sistema de cultivo é mais frequente em campo aberto.

Se a superfície do solo não estiver coberta com película de polietileno preto, são recomendadas várias medidas agrotécnicas para melhorar a produção. A produção ao ar livre está sujeita a maiores influências das condições externas. Para não permitir que o solo retenha água na camada superficial durante um longo período de tempo e, assim, não seja capaz de controlar as ervas daninhas, é necessário efetuar ocasionalmente, desde que as condições o permitam, uma mobilização superficial do solo. Em parcelas mais pequenas pode ser feito manualmente, enquanto que em áreas maiores a lavoura é feita por máquina. A lavoura é feita com cultivadores. A primeira lavoura superficial do solo é efectuada dez dias após a plantação. Os tratamentos seguintes são efectuados após a irrigação ou após chuvas fortes. Os dois primeiros tratamentos são efectuados a uma profundidade de 5 cm, os restantes podem ser efectuados a uma profundidade de 5-7 cm. Além disso, se não for utilizado qualquer herbicida para o controlo das ervas daninhas, é necessário proceder a mondas regulares, às quais o pimento responde muito bem.

O cultivo em áreas protegidas, como as estufas, significa o nível mais elevado de controlo das culturas atualmente disponível para os produtores. Os sistemas de plantio de mudas acima mencionados também podem ser aplicados em áreas protegidas (estufas). Normalmente, a densidade de plantação deve ser de cerca de 3-4 plantas/m2. Este número de plantas por metro quadrado é indicado para a plantação de variedades de pimento com frutos médios a pequenos. Se forem plantados híbridos de alto rendimento, com frutos maiores, é preferível que a distância entre as linhas seja de 1,5 - 2 m, e a distância na linha de 40-50 cm. Deste modo, obter-se-iam cerca de 16700 plantas por 1ha. Neste tipo de cultivo, é necessário deixar as plantas em dois ou três caules, a uma altura de 2 m ou mais, com a construção de arames de suporte.

Figura 5. Produção de pimento em estufas (https://shorturl.at/jwH25)

A plantação de pimentos numa zona protegida é efectuada cerca de um mês antes da plantação no exterior. A proteção contra influências externas é conseguida colocando as plantas sob uma película de polietileno transparente ou sob uma estufa. A produção no período mais tardio, quando temos temperaturas mais elevadas, é mais eficiente em estufas, assim como a produção nos primeiros meses, quando ainda temos dias mais curtos e menos insolação solar, é melhor em estufas. Um dos maiores problemas da produção em espaço protegido é a polinização. A planta do pimento tem primeiro um período de crescimento vegetativo. Depois forma-se a primeira flor no eixo dos dois primeiros ramos. Cada ramo produz uma folha, uma flor e dois novos ramos. A planta desenvolve-se muito rapidamente e o aparecimento de flores aumenta. Para que a fecundação se efectue, é necessário que o pólen passe da parte masculina para a parte feminina da flor. Este fenómeno realiza-se com a ajuda do vento ou com a ajuda de insectos polinizadores, como as abelhas e outros insectos. A polinização ao ar livre é muito melhor do que a polinização em recintos fechados pelas razões mencionadas. A temperatura é um fator importante para a polinização e deve variar entre 20 ºC e um máximo de 30 ºC. Em condições em que a temperatura é muito mais elevada, os insectos polinizadores evitam a estufa, as flores ficam sem fertilização, a flor e até os botões podem cair. Isto acontece especialmente durante o stress térmico e humidade insuficiente. A queda dos botões atrasa a floração durante várias semanas e reduz drasticamente o rendimento. Para além destes factores, a queda dos botões e das flores depende também da pouca luz, da fertilização excessiva com azoto e do ataque de alguns insectos que danificam diretamente as flores e os botões, como os afídeos e os tripes das flores ocidentais. Em condições normais, os botões produzem auxina, que permite o desenvolvimento e o crescimento da planta. Em condições de stress severo, os pimenteiros produzem etileno, que provoca a queda dos botões após dois dias de stress. As plantas de pimento sob determinadas condições de stress podem produzir pequenos botões e flores. A planta não completa o seu ciclo de vida e forma um fruto com muito poucas sementes. Em condições de frio, as plantas podem formar um fruto sem sementes, plano e sem forma. Estes frutos não estão à venda. É necessário removê-los para preservar a energia de crescimento e desenvolvimento das plantas.

Os produtores de pimento podem garantir frutos bons e de qualidade se tomarem as seguintes medidas:

- escolher uma variedade ou híbrido com boa frutificação nas condições locais.

- fornecer uma boa irrigação contínua e atempada.

- proporcionar condições para uma boa polinização.

- utilizar um bom programa preventivo para controlar os insectos que afectam diretamente a redução da polinização.

- adaptar o programa de polinização com polinizadores artificiais às variedades que têm tendência para deixar cair a flor. É preferível utilizar variedades com floração prolongada para evitar os riscos de queda das flores.

A investigação na produção em estufa mostrou que existe uma grande diferença entre o tomate e o pimento e as relações com o fruto. O tomate apresenta uma correlação negativa entre o desenvolvimento vegetativo e o crescimento dos frutos, pelo que requer um controlo rigoroso nas primeiras fases de desenvolvimento. O pimento, no entanto, requer um forte desenvolvimento inicial para promover a precocidade e um maior número de frutos, mostrando uma correlação positiva entre estas fases.

Os factores que afectam a polinização são:

- Temperaturas elevadas - o pólen não está vivo, não é capaz de germinar.

- Baixas temperaturas, humidade elevada - os grãos de pólen colam-se uns aos outros (criam-se frutos sem forma ou achatados).

- Humidade insuficiente - o lábio do pistilo seca; os grãos de pólen não germinam.

- Humidade elevada, pouca luz - o pólen forma grumos, não pode germinar na boca do pilão.
- Altas temperaturas, pouca luz - o pistilo alonga-se, o pólen não consegue chegar aos ovários.

Figura 6. Produção de pimento em estufas (https://shorturl.at/hIT27)

FERTILIDADE DO SOLO E FERTILIZAÇÃO DO PIMENTO

O primeiro passo para determinar a fertilidade do solo para a produção de pimento é recolher uma amostra de solo e efetuar uma análise agroquímica, para fornecer informações sobre o pH do solo e as quantidades relativas de nutrientes essenciais (azoto, fósforo e potássio no solo). Com base na análise do solo, será feita uma recomendação para a fertilização do pimento. Ao mesmo tempo, é necessário aplicar os métodos modernos de fertilização, a fim de obter rendimentos elevados e alta qualidade. O pimentão é bastante tolerante a um pH do solo até 5,5, mas, como a maioria dos legumes, responde melhor a um pH do solo entre 6,0 e 6,8. Se o pH do solo for baixo, ou seja, uma reação ácida, é necessário fazer calcificação como medida corretiva. Se o pH do solo for elevado, acima de 7,5, é necessário intervir adicionando ácido nítrico ou fosfórico com a irrigação. Com base nas necessidades de nutrientes que o pimento produz para um determinado rendimento e com base na análise agroquímica, são feitas recomendações para a adição de determinadas quantidades de nutrientes em diferentes fases do desenvolvimento do pimento.O pimento é suscetível a uma salinidade elevada (CE) no solo. Os solos salgados, especialmente se os catiões de sódio (Na) prevalecerem, competem com os catiões de potássio (K) por um sistema radicular. Enquanto o cloro (Cl) compete com o azoto (N) na forma de nitrato (NO3), reduz o rendimento do pimento. Isto resultará numa deficiência de potássio nas plantas de pimento, levando a um baixo número de frutos por planta.As medidas corretivas em tais condições devem incluir as seguintes etapas:

- Utilização elevada de potássio, uma vez que este catião específico pode competir com sucesso com o sódio e reduz significativamente a sua penetração e efeitos negativos no sistema radicular e em toda a planta.

- Utilização elevada de azoto sob a forma de nitrato, porque este anião específico pode competir com sucesso com o cloro e reduz significativamente a sua penetração na planta e os seus efeitos negativos.

- Além disso, o cálcio pode ajudar a suprimir a penetração do sódio. Quando existe cálcio suficiente, as raízes preferem a penetração de maiores quantidades de potássio do que de sódio, pelo que o sódio será suprimido.

- A dieta de zinco nas plantas pode desempenhar um papel significativo na resistência dos sais à pimenta. Um estado nutricional adequado de zinco (Zn) melhora a tolerância das plantas ao stress salino, talvez por afetar a integridade estrutural e o controlo da permeabilidade da raiz membranas celulares. Uma nutrição adequada com zinco reduz a penetração excessiva de sódio no sistema radicular em condições salinas.

Quadro 3. Nutrientes necessários para a produção de pimentos em estufa.

Nutrientes necessários para todo o

Rendimento previsto t/ha

Absorção de nutrientes (kg/ha) massa da planta e frutos (kg/ha)

	N	P2O5	K2O	CaO	MgO	N	P2O5	K2O	CaO	MgO
25	50	150	87	12	7	140	35	201	107	32
50	100	30	175	25	15	221	57	330	153	49
75	150	45	262	37	22	303	79	457	198	64
100	200	60	350	50	30	384	101	585	244	81
125	250	75	437	62	37	466	123	712	290	97
150	300	90	525	75	45	547	145	841	336	114
175	350	105	612	87	52	629	167	968	381	129
200	400	120	700	100	60	710	189	1096	427	146

Com base nos parâmetros indicados para os nutrientes necessários e na análise agroquímica, é elaborado um plano de nutrição para o pimento. Recomenda-se a adição de 30-40 % dos nutrientes como fertilizante de base, com a preparação do solo para a plantação do pimento. Isto é especialmente importante se o pimento for cultivado ao ar livre. O resto dos nutrientes deve ser adicionado com irrigação, através de um sistema de irrigação gota a gota. É muito importante, aquando da fertilização, ter em conta as necessidades de elementos nutricionais em cada fase de desenvolvimento do pimento. No início da vegetação são adicionadas quantidades mais pequenas de nutrientes.

A primeira fase de desenvolvimento do pimento começa após a plantação e dura cerca de 30 dias. Nesta fase de desenvolvimento, o pimento necessita das seguintes quantidades de nutrientes: Nitrogénio 34,5%, Fósforo 8%, Potássio 8%, Cálcio 9% e Magnésio 7%. A partir dos dados apresentados, pode concluir-se que durante este período é necessário adicionar a maior quantidade de azoto, especialmente se se tiver em conta a duração da fase.

A segunda fase de desenvolvimento do pimento é a fase principal, que inclui o período de floração e frutificação, e começa no 31º dia e prolonga-se até ao 70º dia de vegetação. Nesta fase de desenvolvimento, é necessário acrescentar o seguinte quantidade de nutrientes: Azoto 31%, Fósforo 43%, Potássio 43%, Cálcio 41% e Magnésio 43%. De acordo com o comprimento, as maiores necessidades dos elementos nutricionais do pimento nesta fase são o Fósforo e o Potássio.

Quadro 4. Nutrientes necessários para a produção de pimentos em campo aberto.

Nutrientes necessários para todo o

Rendimento previsto t/ha Absorção de nutrientes (kg/ha) massa da planta e do fruto (kg/ha)

	N	P2O5	K2O	CaO	MgO	N	P2O 5	K2O	CaO	MgO
20	40	12	70	10	6	121	30	173	95	28
40	80	24	140	20	12	191	49	282	137	43
60	120	36	210	30	18	261	67	390	179	57
80	160	48	280	40	24	331	86	499	221	72
100	200	60	350	50	30	402	105	608	263	86
120	240	72	420	60	36	472	124	716	305	100
140	280	84	490	70	42	542	142	825	347	115

O terceiro estádio de desenvolvimento do pimento é o estádio que abrange o período compreendido entre o início da colheita e o fim da vegetação, começando no 71.o dia de vegetação e terminando no 130.o dia. Nesta fase de desenvolvimento, é necessário adicionar a seguinte quantidade de nutrientes: Azoto 34,5%, Fósforo 49%, Potássio 49%, Cálcio 50% e Magnésio 50%. Na terceira fase de desenvolvimento do pimento, há uma maior necessidade de potássio, cálcio e magnésio. A percentagem de nutrientes que devem ser adicionados nas diferentes fases de desenvolvimento do pimento é apresentada como elementos puros. A quantidade total de nutrientes tem de ser calculada na dose necessária de estrume, dependendo da percentagem de nutrientes no estrume. É especialmente importante sublinhar que, após as mudas, a proporção dos elementos básicos no estrume de azoto, fósforo e potássio deve ser de 1:1:1, enquanto que durante o período de frutificação e colheita, a proporção dos elementos é de 1:0,5:1,6. Considera-se que a melhor e mais eficiente fertilização é a fertilização através do sistema de gotejamento juntamente com a irrigação, porque assegura uma proporção óptima de água e ar no solo, bem como um bom enraizamento das plantas. Os elementos nutritivos são adicionados através do sistema de gotejamento, conforme necessário, através de adubos minerais 100% solúveis em água. Para além dos elementos referidos, os microelementos que são importantes para o desenvolvimento geral do pimento, também precisam de participar na nutrição do pimento. Os microelementos que devem participar na nutrição do pimento são os seguintes Ferro, Boro, Zinco, Manganês, Cobre e Molibdénio. Os micronutrientes podem ser adicionados através do sistema de irrigação por gotejamento, mas também através da aplicação foliar.

IRRIGAÇÃO DE PIMENTA

Ao plantar pimento ao ar livre, é necessário que o solo esteja suficientemente húmido, porque o pimento é particularmente sensível após a plantação, bem como durante a fase de floração e frutificação. Se o solo estiver demasiado húmido, as plantas ficam amarelas e as folhas caem. Se o solo estiver seco, é necessário regá-lo dois a três dias antes da plantação, numa quantidade de 20 a 30 $^{l/m2}$. A plantação deve começar quando o solo secar. Depois disso, não são necessárias grandes quantidades de água. No período quente, é necessário regar 10 a 15 $^{l/m2}$ duas a três vezes. Quando o pimento cria raízes, é necessário regar 20-30 $^{l/m2}$. A rega deve ser repetida após 5 a 7 dias, altura em que as culturas serão inspeccionadas e o estado atual será determinado. Existe uma diferença entre solos leves e pesados. Os solos leves requerem mais água. Há também uma maior lixiviação de nutrientes neles, o que torna necessário intensificar a fertilização. Em solos leves, é necessário adicionar água em menor quantidade, mas em intervalos mais frequentes. No caso de solos mais pesados, a água é adicionada mais raramente através do sistema de irrigação por gotejamento, que também depende do estágio de desenvolvimento da planta. A forma tradicional de irrigação é através do sulco, enquanto a irrigação com chuva artificial é aplicada se não houver outra forma de irrigação. As quantidades de água necessárias para a irrigação em estufas não dependem de forma alguma da precipitação. A irrigação numa área protegida depende principalmente de uma boa gestão da água, dependendo do tipo de solo e da fase de desenvolvimento da planta. Numa área protegida, como forma superior de cultivo, a rega e a fertilização (alimentação) é feita através do sistema de rega gota a gota, utilizando fertilizantes minerais 100% solúveis. Dependendo do estádio de desenvolvimento do pimento, são aplicadas combinações adequadas de fertilizantes. Os pimentos cultivados em zonas protegidas (estufas) têm um período vegetativo mais longo. Utilizam uma maior quantidade de água do que os pimentos cultivados ao ar livre durante o seu período vegetativo. O stress hídrico afecta o crescimento do pimento, reduzindo o número de folhas e a área foliar, o que resulta numa menor transpiração e fotossíntese. A densidade dos pêlos radiculares diminui em cerca de 20% em condições de stress provocadas por um nível elevado ou baixo de água, em comparação com plantas suficientemente bem regadas. A rega excessiva provoca a asfixia das raízes, resultando na sua morte devido às condições anaeróbicas do solo, bem como no atraso da floração e da frutificação. Com uma rega boa e de alta qualidade, o sistema radicular do pimento desenvolve-se numa raiz profunda, com pêlos radiculares espalhados lateralmente, com cerca de 50 cm de comprimento, e raízes adventícias. Portanto, o sistema de gotejamento, como um sistema de irrigação, é o melhor para controlar a irrigação e a fertilização (fertirrigação). Este sistema de rega e fertilização é tão bom em áreas protegidas como para o cultivo de pimentos ao ar livre.

Figura 7. Irrigação de pimentão através de um sistema de gotejamento (https://shorturl.at/xlPT2)

CONTROLO DE INFESTANTES NO PIMENTO

Durante a produção de pimentos, certos factores podem afetar negativamente o rendimento. Estes factores, entre outros, incluem as ervas daninhas, que surgem como um fator limitante do rendimento.

As infestantes competem diretamente com o pimento pela humidade e pelos nutrientes disponíveis no solo. As infestantes podem ser hospedeiras de várias pragas e doenças. Sabe-se que algumas infestantes têm a capacidade de produzir enzimas que reduzem o crescimento das plantas em algumas culturas. O pimentão é muito sensível à concorrência das ervas daninhas, especialmente entre 12 e 48 dias após a plantação. Os problemas que ocorrem nesta fase podem afetar seriamente o rendimento. Por conseguinte, é crucial controlar as ervas daninhas nesta fase.

A melhor medida, mais barata, muito eficaz, que não polui o solo, as águas subterrâneas e não afecta negativamente o ambiente é a solarização do solo. Ou seja, o controlo das ervas daninhas seria feito cobrindo a superfície do solo com uma película de polietileno branco incolor com uma espessura de 3-4 microns. Isto permite que a luz solar entre na estrutura do solo e depois converta a energia solar capturada em calor, proporcionando um aumento da temperatura do solo. Desta forma, as sementes de ervas daninhas são controladas e a produção contínua é assegurada sem a presença de ervas daninhas.

O controlo das ervas daninhas também pode ser conseguido através da remoção mecânica superficial por escavação manual. Se o controlo das ervas daninhas for efectuado apenas por este método, é necessário um controlo mais frequente das culturas. Esta operação é efectuada enquanto as ervas daninhas são pequenas e facilmente controláveis. A remoção mecânica superficial de áreas mais pequenas é efectuada por escavação manual, enquanto em áreas maiores o controlo das ervas daninhas é efectuado por lavoura mecânica, com cultivadores adequados entre fileiras. Mas o tratamento manual ou mecânico frequente pode levar ao corte dos pêlos radiculares, o que contribui para retardar o desenvolvimento das plantas, reduz o rendimento e pode ocorrer o apodrecimento no final da flor.

Existem vários herbicidas que são aplicados antes da plantação do pimento. Um deles é o herbicida à base de Pendimethalin, que é aplicado à superfície do solo antes do aparecimento das infestantes. A aplicação deve ser efectuada nas primeiras horas da manhã, enquanto o solo estiver húmido, não sendo necessária a incorporação. Se o solo estiver seco, é necessária uma incorporação pouco profunda, até 2 cm. Com o tempo de aplicação do herbicida, o período de retirada é assegurado sem deixar resíduos ilegais que terão um efeito prejudicial na nutrição das pessoas com frutos de pimenta.

CONTROLO DE INSECTOS NO PIMENTO

As pragas mais importantes do pimento cultivado em campo aberto são: o grilo-toupeira europeu, os escaravelhos, as larvas, a traça do nabo, o bicho-do-algodoeiro, as larvas da broca europeia do milho, os afídeos e as cigarras portadoras de doenças virais das plantas, os nemátodos, os tripes da cebola, bem como alguns ácaros. Numa zona protegida, as pragas do pimento são as mesmas que ocorrem no exterior, bem como algumas pragas que não ocorrem no exterior ou que ocorrem em pequeno número, como o tripes das flores ocidentais.

Grilo-toupeira europeu - Gryllotalpa gryllotalpa (Orthoptera: Gryllotalpidae)

Esta espécie pode representar uma praga economicamente significativa na produção de pimento, durante a preparação dos canteiros para as plântulas, durante a plantação de plantas jovens e durante a vegetação em campo aberto, especialmente em zonas protegidas. Ao mesmo tempo, é necessário tomar medidas de proteção preventiva. O cultivo frequente do solo contribui para a redução e mesmo a destruição completa da sua população. O grilo pode ser destruído através da colocação de estrume orgânico no outono, em vários locais, em áreas mais pequenas e em jardins. O calor do estrume atrai os grilos, que rastejam para o estrume e aí hibernam. No final do inverno, antes do aquecimento, o estrume orgânico, juntamente com as últimas escavadoras, é atirado para fossas e destruído. As brocas individuais em jardins ou canteiros podem ser destruídas enterrando recipientes de metal ou de vidro meio cheios de água. As medidas químicas para controlar a broca são aplicadas quando se observam os primeiros insectos ou as primeiras plantas picadas.

Escaravelhos (vermes) - Elateridae (Coleoptera)

Os vermes do arame estão entre as pragas economicamente mais importantes das partes subterrâneas de um grande número de plantas cultivadas e infestantes. Os danos causados às plantas cultivadas são provocados tanto pelas larvas como pelos imagos. As principais pragas são as larvas. Alimentam-se da massa radicular e enterram-se no colo da raiz ou no caule.

Para reduzir o número de bichos-da-farinha no solo, é necessário praticar algumas medidas: rotação correta de culturas, lavouras frequentes, destruição de ervas daninhas, remoção rápida e aragem dos resíduos da colheita, especialmente após o cultivo dos grãos. Durante a estação de crescimento, se o número de escaravelhos for superior ao limiar económico, utilizam-se formulações líquidas ou granulares, se houver possibilidade da sua incorporação. Para este efeito, utilizam-se preparações à base de carbamatos, insecticidas organofosforados, etc.

Escaravelhos (larvas) - Scarabaeidae (Coleoptera)

As larvas têm uma vida longa e passam toda a sua vida no solo. Quanto mais velhas são, mais nocivas são. As larvas, juntamente com os vermes, são uma das pragas mais importantes das partes subterrâneas das culturas hortícolas. Os danos são causados principalmente pelas larvas. As larvas roem as raízes das plantas jovens e, nas raízes mais velhas, observa-se uma roedura sob a forma de buracos. Várias medidas e métodos, que são praticados na produção, contribuem para a redução do número de gafanhotos no solo. Entre as medidas agrotécnicas, as mais importantes são: a rotação correta das culturas, a lavoura dos resíduos da colheita, a destruição das ervas daninhas e o cultivo frequente do solo (básico e adicional). As medidas químicas para a supressão de larvas são aplicadas se o limiar económico de danos for ultrapassado, antes da plantação da cultura.

Traça do nabo - Agrotis segetum (Lepidoptera: Noctuidae)

As lagartas recém-eclodidas alimentam-se das folhas das plantas e, nas fases superiores de desenvolvimento, descem ao solo e mordem o colo e as raízes. As condições de seca podem reduzir a fertilidade do inseto até ao ponto de esterilidade. A humidade inferior a 60% conduz a uma elevada mortalidade dos ovos. A fim de reduzir a intensidade do aparecimento da traça do nabo e, consequentemente, os danos por ela causados, é necessário proceder a uma plantação primaveril atempada, à destruição das ervas daninhas, à lavoura e à irrigação. A irrigação durante a serragem em massa das lagartas é considerada uma excelente medida para a destruição destas pragas. Para determinar corretamente o momento e a necessidade de tratamento químico das lagartas, é necessário controlar o vôo da imago com a ajuda de lâmpadas de caça e feromonas.

Bicho do algodão - Helicoverpa armigera (Lepidoptera: Noctuidae)

Causa danos especialmente graves nos pimentos e tomates cultivados em campo aberto e em zonas protegidas. Os principais danos causados pela lagarta ocorrem entre a floração e a frutificação. O aumento da população do bicudo do algodoeiro está associado ao aquecimento global do clima. O cultivo em profundidade do solo onde a praga se desenvolve, a sementeira ou plantação precoce das culturas mais ameaçadas, o cultivo entre linhas durante a vegetação, a destruição regular de plantas infestantes dentro e à volta da cultura são os factores que mais contribuem para reduzir o número de lagartas do algodão.

Deve ser dada especial atenção à destruição de plantas infestantes durante a floração, em maio e junho, porque durante esse período a borboleta recebe uma nutrição adicional, o que leva a um aumento da fertilidade e da postura de ovos. A utilização excessiva de fertilizantes azotados e de irrigação intensifica o desenvolvimento das culturas e aumenta os danos causados pelo bicudo do algodoeiro. A supressão química é muito difícil. Se o limiar económico de nocividade for ultrapassado durante a vegetação, são utilizadas formulações líquidas. Se o número de ovos postos e de larvas eclodidas aumentar, a aplicação química é efectuada após 5-10 dias. A pulverização é melhor efectuada à noite.

Para os primeiros tratamentos, são utilizados insecticidas com ação ovicida-larvicida. Para a destruição química da cápsula de algodão utilizam-se insecticidas à base de: espinosinas, Bacilllus thuringiensis var. kurstaki, reguladores de crescimento de insectos (IGR), oxidazinas, diamidas de antralina, promotores de hormonas juvenis, fenilpirazóis, piretróides, neonicotinóides, carbamatos e insecticidas organofosforados.

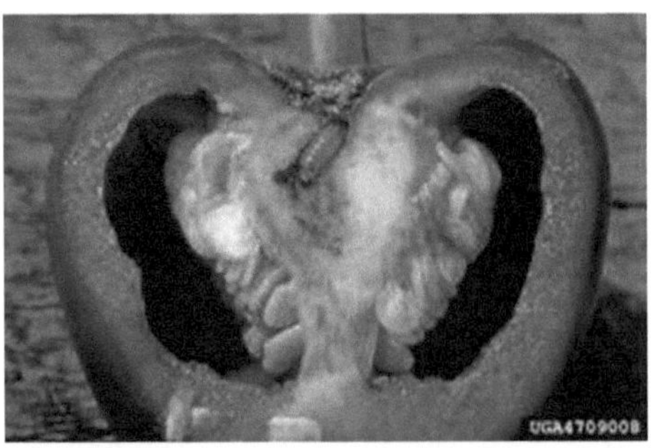

Figura 8. Bicho do algodão em frutos de pimento (https://shorturl.at/jrsQ6)

Broca europeia do milho - Ostrinia nubilalis (Lepidoptera: Pyralidae)

Segundo os autores americanos, existem duas subespécies da broca do milho. Uma ataca apenas o milho e tem 1 geração por ano. A outra é polífaga e tem 5 gerações por ano. No pimento, as lagartas da broca do milho escavam ao longo do caule até aos frutos. Os frutos jovens do pimento, devido à presença da lagarta, caem no solo, enquanto os mais velhos permanecem nas plantas. Na cultura do pimento, o milho deve ser evitado como pré-cultura e o isolamento espacial deve ser mantido tanto quanto possível. As áreas com pimento devem estar o mais afastadas possível das áreas com milho. O tratamento químico correto só é possível seguindo o voo das borboletas com lâmpadas de caça ou feromonas. O primeiro tratamento do pimento é efectuado 7-10 dias após o início do voo da segunda geração, ou seja, em meados ou no final de julho. Para a destruição química da broca do milho, são utilizadas preparações à base de piretróides e acefatos. O tratamento biológico é efectuado com preparações à base de parasitas (Tricohogramma evanescens) e bioinseticidas à base da bactéria Bacillus thuringiensis var. kurstaki.

Cigarras (Hemiptera: Auchenorrhyncha)

Hyalesthes obsoletus Sing. e as espécies do género Empoasca estão maioritariamente representadas no pimento. O máximo de enxameação é no início de julho, quando os pimentos no campo estão em intenso desenvolvimento (na fase de floração) e há maiores danos nas plantas. Os maiores danos ocorrem em anos com verão seco e quente, porque as cigarras são insectos que gostam de calor. Os danos diretos que causam ao sugarem os sucos das plantas não são de grande importância. Mais importantes são os danos indirectos causados pela transmissão de fitoplasmas, que provocam a doença de stolbur no pimento. As folhas das plantas doentes são cloróticas, quebradiças e duras como pergaminho, e as plantas são atrofiadas. As flores permanecem estéreis ou formam frutos pequenos e atrofiados que não amadurecem. Para reduzir o número de cigarras, é necessário suprimir as ervas daninhas nas áreas cultivadas. A deteção precoce e o controlo do aparecimento de cigarras podem ser feitos através da colocação de fitas adesivas amarelas nas plantações. Se for necessário um tratamento químico, este é efectuado com insecticidas que servem para controlar os afídeos. Para este efeito, são recomendados insecticidas com as seguintes substâncias activas: espinozinas, pimetrozinas, neonicotinóides, fenilpirazóis, piretróides, carbamatos, insecticidas organofosforados.

Afídeos das folhas: Pulgão verde do pêssego (Myzus persicae) e pulgão do algodão (Aphis gossypii) (Homoptera: Aphididae)

As larvas e as imagos também causam danos ao sugarem os sucos das plantas, mas os danos indirectos são mais significativos. Quando se cultiva pimento ao ar livre, o problema mais importante são os vírus. O pulgão verde do pêssego transmite mais de 180 vírus, que são especialmente perigosos para as culturas de sementes. Os afídeos também causam danos diretos significativos, razão pela qual são considerados uma das pragas mais importantes do pimento. A fim de reduzir os danos, é necessário destruir as ervas daninhas que hospedam os afídeos. É necessário pulverizar as plantas preventivamente durante a produção de plântulas, para que as plantas fiquem livres de afídeos (especialmente o afídeo verde do pêssego). São utilizados insecticidas selectivos que não interferem com o desenvolvimento e a reprodução de predadores e parasitóides. Os insecticidas devem ser utilizados quando aparecem os indivíduos alados ou as suas crias. O tratamento químico deve ser efectuado durante o povoamento intensivo das plantações, e o número crítico representa 20% de plantas habitadas.

As preparações à base de: espinozinas, pimetrozinas, neonicotinóides, fenilpirazóis, piretróides, carbamatos, insecticidas organofosforados são utilizadas para suprimir os afídeos do pimento. Nos países desenvolvidos, são também utilizados para este efeito insecticidas muito aceitáveis do ponto de vista ambiental, tais como preparações à base de pimetrozina, pirimicarbe, fosalona e sabão de potássio. Na Alemanha, são utilizados insecticidas à base de óleo de colza para controlar os afídeos. Para a supressão biológica do pulgão verde do pêssego em áreas protegidas, os parasitóides Aphidius matricariae e Aphidius colemani, bem como a mosca predadora Aphidoletes aphidimyza, são utilizados com muito bom sucesso. Cobrir a plantação com uma rede de proteção contra insectos durante o período de migração das formas aladas também contribui para um menor ataque de afídeos. A alimentação das plantas com fertilizantes azotados deve ser óptima, de modo a não criar condições favoráveis à reprodução intensiva de afídeos.

Figura 9. Ataque de afídeos no pimento (https://shorturl.at/nxNZ3)

Tripes das flores ocidentais - Frankliniella occidentalis (Thysanoptera: Thripidae)

Numa zona protegida, o ataque do tripes das flores ocidentais pode começar logo em fevereiro. É extremamente importante para a produção de pimentos evitar de qualquer forma a chegada e a fixação desta praga nas plantas. Para o efeito, são colocadas redes de insectos com uma abertura de 0,25 mm na possível entrada de formas aladas e plantado apenas material de plantação saudável. Após a plantação, o aparecimento da praga deve ser monitorizado através da colocação de armadilhas pegajosas azuis e do exame regular das plantas. As armadilhas azuis atraem os tripes e devem ser colocadas inicialmente perto das entradas da estufa, sendo depois distribuídas uniformemente por toda a superfície. Utiliza-se um número menor de iscos para detetar a ocorrência, e um número maior para destruir esta praga. Ao mesmo tempo que as azuis, devem ser colocadas nas estufas armadilhas pegajosas amarelas, que determinarão a tempo o aparecimento de outras pragas importantes (outras espécies de tripes e pulgões). Após a emergência, a destruição dos tripes é efectuada através de medidas químicas e biológicas. Os insecticidas utilizados para controlar os tripes das flores ocidentais baseiam-se em: espinozinas, pimetrozinas, piretróides, neonicotinóides, fenilpirazóis, carbamatos, insecticidas organofosforados. Durante a aplicação foliar, deve ser utilizada uma maior quantidade de água, que cubra tanto a face como a parte inferior da folha. Após 4-7 dias do primeiro tratamento, deve ser efectuado o segundo. Para retardar o problema da resistência ao tripes da flor ocidental, recomenda-se uma estratégia anti-resistência, ou seja, a mistura frequente de preparações com diferentes substâncias activas, que têm diferentes mecanismos de ação. A resistência do tripes a alguns insecticidas é por vezes muito rápida, pelo que o tratamento químico não dá sempre bons resultados e conduz frequentemente a uma sobrepopulação desta praga. A fim de evitar este fenómeno, recomenda-se a luta biológica com ácaros predadores e insectos benéficos, que mantêm o número de tripes a um nível tolerável graças à sua alimentação. A luta biológica deve ser iniciada quando se determina o início do ataque às plantas. Em seguida, os ácaros predadores (Amblyseius cucumeris e Amblyseius berkeri) são introduzidos na instalação. Se se partir do princípio de que há tripes, então os ácaros devem ser introduzidos mais cedo, cerca de 10 a 14 dias após a germinação das plantas. Um ácaro destrói 3-5 larvas de tripes durante o dia. São introduzidos 25-50 ácaros por m^2. Se houver necessidade após 2-4 semanas, o procedimento é repetido. Os ácaros predadores são mais activos a uma temperatura de cerca de 22 °C e a uma humidade relativa do ar de 70 a 80%. Estes predadores benéficos devem ser utilizados no início da primavera. Mais tarde, especialmente durante os meses de verão, com a diminuição da humidade relativa do ar nos edifícios (abaixo de 65%), o desenvolvimento dos ácaros úteis pára e, portanto, a destruição dos tripes. Nestes casos, se ainda houver necessidade de suprimir os tripes, são introduzidos e utilizados outros predadores, como os percevejos predadores (da espécie Orius) ou o crisopídeo verde Chrysoperla carnea. Estes insectos benéficos, para além dos tripes, destroem também outras pragas, como os afídeos e as espécies nocivas de ácaros. Os insectos são introduzidos na quantidade de 0,5 a 1 amostra por m^2 e, por vezes, em pontos quentes, até 10 amostras por m^2. As larvas do crisopídeo verde, dependendo da dimensão do ataque de tripes, são introduzidas de 5 a 20 amostras por m^2 todas as semanas, desde que haja necessidade. A remoção e destruição dos resíduos vegetais após o fim do ciclo de produção, transformação e desinfeção, ou seja, a desinfeção do solo, a plantação de material de plantação saudável, bem como o revestimento ocasional de película de cobertura vegetal com cola inseticida à volta das plantas durante a estação de crescimento, também contribuem para um menor número de tripes das flores ocidentais nas zonas protegidas.

Para além do tripes das flores ocidentais, geralmente em menor número, quando se cultivam produtos hortícolas em zonas protegidas, também se encontram os seguintes: Thrips tabaci, Thrips fuscipennis, Heliothrips haemorrhoidalis, etc. O tripes da cebola (Thrips tabaci) é ativado durante o mês de abril, dependendo das caraterísticas climáticas da região. Como praga do pimento, ocorre em maior número nas culturas ao ar livre.

Figura 10. Danos causados por tripes no pimento (https://shorturl.at/pqyDS)

Ácaro da aranha de duas manchas -Tetranychus urticae Koch. (Arachnida: Tetranychidae)

As condições adequadas para o desenvolvimento deste ácaro são as condições secas e o aumento da temperatura nas estufas. O desenvolvimento mais rápido dá-se a uma humidade relativa do ar de 45 - 50% e a uma temperatura de 30 °C. Embora o ácaro se mova lentamente, o ataque propaga-se muito rapidamente. As medidas preventivas são as mais importantes para controlar o número de aranhiços. Mas quando o limiar económico é ultrapassado, são recomendadas medidas curativas. As medidas preventivas (higiénicas) que devem ser tomadas são: supressão das ervas daninhas dentro e à volta das áreas protegidas, arranque e queima das plantas infectadas (infestadas), aumento da humidade nas áreas protegidas com regas frequentes, remoção mecânica (lavagem) dos ácaros da folha com jactos de água. A introdução do ácaro predador Phytoseiulus persimilis, que se alimenta sugando o conteúdo dos ovos, larvas e imagos do ácaro das duas manchas, é uma medida biológica muito eficaz. O controlo eficaz do hospedeiro exige a introdução do predador em condições de menor abundância do ácaro das duas manchas. A relação entre o predador e o ácaro das duas pintas deve ser de 1:10. Se o predador for deixado sem alimento, pode sobreviver durante 2-3 semanas, após o que morre. Outro ácaro predador notável é o Amblyseius cucumeris.

A luta química é recomendada quando as populações de ácaros das duas manchas são baixas. É importante aplicar os acaricidas com uma grande quantidade de água, 3000-5000 l/ha, o que leva a um aumento da humidade relativa no ambiente, o que afecta negativamente o ácaro das duas manchas. Existem grandes limitações na jardinagem. Para este efeito, são recomendados insecticidas com ação acaricida: principalmente acaricidas à base de: abamectina, quinazolinas, clofentazina (fenazaquina, tebufenpirade), propargit, inibidores de crescimento (ectoxazol).

Nemátodos das galhas - Meloidogyne spp. (Tylenchida: Heteroderidae)

As larvas de nemátodos invasivos provêm do solo nos ápices das raízes e nos rizomas. Alimentam-se na raiz sugando sucos com a ajuda dos estiletes e do punhal, que é parte integrante do aparelho bucal. Secreta secreções às quais as plantas reagem formando células gigantes, ou seja, o aparecimento de corcovas e galhas, de diferentes tamanhos. Os nemátodos do solo são muito sensíveis à secagem do solo. Os nemátodos das galhas são altamente polífagos. Quase não há legumes que não sejam atacados por este nemátodo. O pimento também pode sofrer danos visíveis. Uma vez que os nemátodos das raízes são muito polífagos, a rotação de culturas quase não tem significado. Uma medida básica é a introdução de material de plantação saudável. Se os nemátodos já estiverem presentes nas estufas, recomenda-se a plantação de plantas "inimigas" dos nemátodos (por exemplo Tagetes spp.) como cultura intercalar ou como cultura conjunta. A esterilização térmica ou a fumigação do solo durante cada ciclo de produção é uma das formas mais eficazes de controlar os nemátodos. A solarização é também um método para reduzir a população de nemátodos radiculares e deve ser efectuada na parte mais quente do ano (meses de verão). Os fumigantes são utilizados para o controlo químico dos nemátodos. Para este efeito, são utilizadas preparações à base de carbamatos (oxamil). Recentemente, têm sido utilizados com êxito nematocidas à base de plantas.

CONTROLO DAS DOENÇAS DO PIMENTO

Crestamento do pimento - Phytophtora capsici

O míldio do pimento, causado pelo fungo Phytophtora capsici, é uma das doenças mais significativas e economicamente importantes do pimento, pois quando ocorre é possível destruir totalmente a produção. A doença desenvolve-se na parte inferior do caule e no colo da raiz do pimento e, menos frequentemente, noutros órgãos da planta. As plantas morrem, e só um pequeno número delas consegue recuperar. A doença é comum no pimento cultivado em zonas protegidas e, com menor intensidade, ocorre também em culturas de pimento em campo aberto.

A proteção do pimento contra o míldio é bastante complexa e inclui várias medidas. Recomenda-se a utilização de substrato desinfectado pronto para o cultivo de plântulas. Se a produção de plântulas for efectuada em canteiros especialmente fabricados com preparação de substrato, é necessário regar as plântulas com preparações à base de propamocarbe + fosetil numa dose de 25 ml/10 L numa área de cerca de 10 m^2. Após a rega com a solução de preparação, regar as plântulas de pimento com água limpa. A melhor proteção é obtida com dois tratamentos, o primeiro após a sementeira, antes da germinação, e o segundo tratamento durante a produção de plântulas, até 10 dias antes da plantação. O preparado também pode ser aplicado através do sistema de irrigação gota a gota, numa dose de 3l/ha, sobre o pimento plantado no campo. As preparações que podem ser utilizadas para o míldio baseiam-se também em Metalaxil, Azaxiscrobina, etc.

Bolor cinzento - Botrytis cinerea

O fungo Botrytis cinerea é uma espécie não especializada, que se desenvolve normalmente como saprófita em resíduos de plantas. Em material vegetal vivo, ocorre como um parasita de fraqueza, apenas em condições desfavoráveis do ambiente externo.

Devido ao calor insuficiente do solo e do ar, à luz reduzida e à elevada humidade do solo e do ar, a resistência da planta enfraquece. Nestas condições, o fungo entra facilmente na planta através dos locais menos protegidos ou através de locais já danificados, tais como: locais nos nós onde há folhas caídas, o local onde o fruto se liga à pétala, alguns danos no fruto, picadas de insectos, lesões mecânicas, etc. Os sintomas na folha manifestam-se pelo aparecimento de manchas necróticas de maiores dimensões, de cor castanho-avermelhada e forma irregular, que aparecem geralmente no bordo ou na parte superior da folha.

Os primeiros sintomas da flor manifestam-se pelo aparecimento de pequenas manchas pulverulentas que se espalham rapidamente, após o que a flor pode declinar e morrer.

No caule, os sintomas podem ser observados mesmo nas plantas mais jovens, acabadas de plantar, onde se desenvolve uma necrose semelhante à do milheto, que se espalha gradualmente e cobre o caule de todos os lados, provocando a queda e o apodrecimento das plantas jovens.

Os frutos podem ser atacados em todas as fases de desenvolvimento. No caso de um ataque forte, todo o fruto apodrece. Nesse caso, o fruto morre completamente e não pode ser utilizado.

Durante a época baixa de cultivo (inverno e início da primavera) do pimento numa zona protegida, é obrigatório aplicar medidas de controlo da Botrytis cinerea. Para controlar a doença, é muito importante regular a humidade do ar e do solo, que é, na verdade, a medida básica para lutar contra este agente patogénico. É importante manter as temperaturas diurnas e nocturnas próximas do ótimo. É obrigatório aplicar rigorosamente medidas fitossanitárias na área protegida, a fim de reduzir a fonte de infeção. Para o efeito, recomenda-se a remoção regular dos frutos doentes e de outras partes doentes, bem como a remoção de todos os rebentos depois de os rasgar. Além disso, tentar limpar as flores caídas para que não permaneçam mais tempo no local onde caíram e limpar todas as partes das plantas que tenham caído sobre os frutos do pimento.

Se continuarem a existir condições favoráveis ao desenvolvimento da doença e se, após a limpeza pormenorizada, a doença continuar a intensificar-se, é necessário abordar a aplicação de alguns dos botricidas para o efeito, nas culturas de pimento, tendo em conta o intervalo de segurança dos preparados.

Oídio - Leveillula taurica

O oídio do pimento ocorre em zonas áridas. No nosso país, pode ser encontrado no pimento que é cultivado numa zona protegida. O oídio pode provocar a desfoliação prematura do pimento, reduzindo assim o rendimento e causando perdas de produção significativas. As condições mais adequadas para o desenvolvimento do oídio são a humidade elevada e a temperatura favorável (25-28 ºC). Existe um grande número de fungicidas à base de triadimefon, propiconazol, compostos de enxofre, etc, para controlar o oídio. Quando se utilizam fungicidas, sobretudo numa zona protegida, a declaração do produto deve ser rigorosamente verificada para saber se o produto é adequado para aplicação numa zona protegida e em que condições. Deve também ter-se o cuidado de respeitar o intervalo de segurança, tanto durante a produção numa zona protegida como ao ar livre. O bicarbonato de sódio pode ser utilizado como um remédio natural. Deve ser dada especial atenção à dosagem. De acordo com a nossa experiência, não deve exceder 0,4-0,5%, ou seja, 0,4-0,5 kg/100L de água para uma área de 1000 m^2.

Murchidão de Verticillium - Verticillium albo atrum e Verticillium dahliae

Nas plantas infectadas, podem observar-se faixas castanhas escuras na secção transversal do caule, que se estendem da raiz ao caule, até aos ramos mais jovens. As raízes infectadas não apresentam qualquer alteração exterior. Durante as noites em que a temperatura é mais baixa, as plantas podem recuperar da murchidão, mas no dia seguinte esta volta a aparecer.

Para controlar a murchidão verde, é necessário, antes de mais, aplicar medidas de controlo preventivo:

- Rotação de culturas perenes, em que participam culturas que não sofrem de murchidão verde, como os cereais, o milho, o feijão, o feijão verde, a ervilha e a couve.
- Seleção de variedades resistentes.
- Produção de plântulas saudáveis.
- Desinfeção térmica ou química do substrato onde as plântulas são cultivadas.
- Fertilização moderada, especialmente com fertilizantes azotados que têm um efeito negativo na resistência das plantas.
- Remoção e destruição das plantas infectadas e das ervas daninhas que hospedam o agente patogénico.

As medidas químicas não têm qualquer efeito direto sobre o agente patogénico, podendo apenas ser um complemento das medidas preventivas. Recomenda-se a rega das plântulas antes da plantação ou a sua imersão numa solução de preparações à base de cloridrato de propamocarbe + fosetil-alumínio.

Mancha bacteriana das folhas das plântulas de tomate - Pseudomonas syringae pv. syringae Os sintomas desta bactéria encontram-se nas folhas cotiledonares e nas primeiras folhas verdadeiras das plantas de pimento, na fase de plântula. No início, as manchas são gordurosas, verde-escuras, irregulares e de tamanhos diferentes. Espalham-se rapidamente de folha para folha e de uma planta para outra. Na maioria das vezes, esta doença do pimento ocorre no período de 20 de abril a 10 de maio. Esta doença bacteriana ocorre nas plântulas e é causada não tanto por factores externos como pelas condições microclimáticas no interior da estufa. Se na zona protegida se verificarem determinadas condições para a ocorrência desta doença, esta propaga-se rapidamente às plântulas jovens. Nas nossas condições de produção, a presença da bactéria patogénica Pseudomonas syringae pv. syringae.

Mancha foliar bacteriana do pimento - Xanthomonas campestris pv. vesicatoria

Xanthomonas campestris pv. vesicatoria é a causa da mancha foliar bacteriana no pimento e da sarna nos frutos do tomate. Este agente patogénico representa uma das bactérias mais difundidas e economicamente prejudiciais na cultura do pimento e do tomate em condições de campo. No pimento, os sintomas manifestam-se sobretudo nas folhas e, menos frequentemente, nos frutos, ao contrário do que acontece no tomate, em que os principais danos se manifestam nos frutos, provocando a sarna. As chuvas frequentes, independentemente da quantidade de precipitação, durante os meses de junho e julho são particularmente importantes para a propagação deste parasita e para o desenvolvimento da doença. A Xanthomonas campestris pv. vesicatoria entra nas plantas através dos estomas e das feridas, a partir das quais o parasita se espalha no interior da planta e efectua as infecções iniciais. Durante o verão, as plantas gravemente doentes permanecem sem folhas.

Podridão húmida bacteriana em frutos de pimento - Erwinia carotovora

Esta bactéria é um parasita típico de feridas, que entra no tecido vegetal exclusivamente através de ferimentos, causados de várias formas, tais como ferimentos causados por técnicas agrícolas e de transporte, ferimentos causados por insectos, chuva, granizo, etc.

A manifestação dos sintomas nos frutos de pimento apresenta-se geralmente sob a forma de manchas maiores ou mais pequenas com uma superfície húmida. Mais tarde, esse tecido amolece e transforma-se em podridão húmida, que geralmente afecta todo o fruto. Se as condições externas forem favoráveis, a doença propaga-se rapidamente e todo o fruto perece num curto espaço de tempo. A presença desta doença no pimento é mais acentuada em agosto e setembro, e a intensidade da doença depende dos danos causados aos frutos.

Controlo das doenças bacterianas

São utilizadas medidas preventivas e curativas para controlar as doenças bacterianas. Das medidas preventivas, recomendam-se as seguintes: seleção de variedades menos susceptíveis a doenças bacterianas; seleção de material de semente saudável - Se a semente não estiver desinfectada (se for utilizada semente doméstica), é necessário efetuar a desinfeção. O melhor seria a desinfeção com uma solução de hidróxido de sódio a 2%; Aplicação da rotação de culturas aos 3 anos. Das medidas curativas, as preparações à base de hidróxido de cobre numa concentração de 0,4 a 0,6% dão os melhores resultados.

Vírus do mosaico do pepino - CMV

O vírus do mosaico do pepino é uma das doenças mais disseminadas e perigosas do pimento. Os sintomas provocados por este vírus são muito marcantes, mas dependem de vários factores, nomeadamente a sensibilidade das plantas, a virulência da estirpe do vírus, a idade da planta e as condições de cultivo. As plantas infectadas apresentam um maior número de ramos com entrenós encurtados e folhas compactadas, pelo que as plantas infectadas têm um aspeto arbustivo e paniculado. As alterações patogénicas ocorrem nos frutos do pimento, devido à distorção das flores e à esterilidade do pólen, razão pela qual não se formam frutos ou o seu número é reduzido. Os frutos formados são atrofiados, distorcidos e com o aparecimento de necrose na sua superfície.

Vírus do mosaico do tabaco - TMV

O vírus do mosaico do tabaco é um vírus RNA que afecta 9 famílias diferentes e foi encontrado em pelo menos 125 espécies diferentes. Este vírus é um dos mais cruéis. É extremamente estável, sobrevive em solos contaminados, é transmitido por sementes, partes de plantas infectadas, equipamento de cultivo não higiénico e mãos sujas. Os afídeos não são vectores deste vírus. Alguns insectos que possuem um aparelho mastigador que causa lesões mecânicas nas plantas hospedeiras podem ser vectores deste vírus perigoso. O vírus provoca a coloração verde-escura das folhas, o que provoca uma paralisação total do desenvolvimento de toda a planta, com um epílogo desastroso. Causa danos significativos no pimento.

Tomato spotted wilt virus - TSWV

Os vectores do Tomato spotted wilt virus - TSWV (Tomato spotted wilt virus) são 7 espécies diferentes de tripes, especialmente Frankliniella occidentalis e Frankliniella fusca. O próprio vírus encontra-se no corpo do tripes já no primeiro ciclo de vida do inseto. A sua propagação nas superfícies faz-se também através da água de irrigação. Em geral, é mais comum em zonas protegidas do que ao ar livre. O sintoma mais comum da infeção pelo vírus é o amarelecimento e morte do tecido foliar, ao longo da nervura da folha. A morte da planta pode ocorrer apenas alguns dias após o aparecimento dos primeiros sintomas, especialmente quando a A infeção ocorre no início da vegetação. Causa danos significativos no pimento e ocorre regularmente após um ataque de tripes.

Figura 11. Tomato spotted wilt virus at pepper (TSWV) (https://shorturl.at/pqyDS)

Vírus do mosaico da luzerna - AAMV

O pimento é uma das plantas mais sensíveis ao vírus do mosaico da alfafa (Alfalfa mosaic virus - AAMV). Este vírus causa danos económicos significativos e pode reduzir os rendimentos até 65%. Os sintomas da doença aparecem pela primeira vez nas folhas cotiledonares, geralmente nos casos em que foram utilizadas sementes infectadas. Sintomas semelhantes ocorrem também nas primeiras folhas verdadeiras, sob a forma de manchas brancas ou amareladas, de forma irregular, que se expandem constantemente para as outras folhas, afectando o tecido entre os nervos das folhas. No caso em que a infeção é afetada por sementes doentes, as plantas sofrem um atraso significativo no crescimento, florescem mal e a formação de frutos é muito reduzida. Nos frutos verdes, aparecem linhas ou riscas estreitas amarelo-esbranquiçadas, que constituem um sinal de diagnóstico. Os frutos infectados são deformados no terço superior ou na metade.

Controlo de vírus. Para evitar a ocorrência de doenças virais no pimento, é necessário tomar medidas preventivas, tais como: utilização de sementes declaradas e sãs; produção de plântulas sãs; controlo de insectos com fitas adesivas amarelas e azuis; destruição da presença de vectores de vírus, tais como pulgões, tripes ou outros insectos; destruição de ervas daninhas, porque muitas delas podem ser hospedeiras de doenças virais.

ALTERAÇÕES FISIOLÓGICAS NOS FRUTOS DO PIMENTO

As alterações fisiológicas do fruto ocorrem sob a influência de condições externas. As alterações fisiológicas manifestam-se sob a forma de: apodrecimento da parte superior do fruto, queimaduras do fruto e fissuração dos frutos.

A podridão na parte superior dos frutos jovens apresenta-se sob a forma de pequenas manchas aquosas que aumentam gradualmente de tamanho e escurecem. O apodrecimento ocorre devido a uma perturbação da absorção do cálcio. Este fenómeno manifesta-se mais em solos ácidos, onde a absorção de cálcio é impedida após uma seca prolongada, ou seja, quando a rega não é feita com uma quantidade suficiente de água ou quando existe uma nutrição inadequada. Este fenómeno pode ser evitado eliminando as deficiências mencionadas. Em temperaturas elevadas, quando as plantas não conseguem absorvê-lo em quantidade suficiente, é também necessária a nutrição foliar com cálcio.

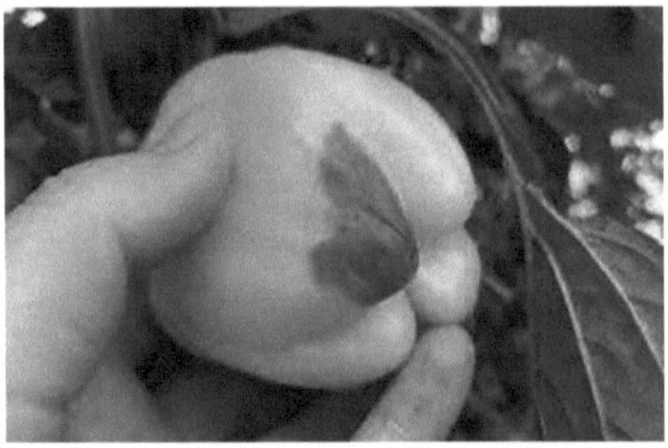

Figura 12. Deficiência de cálcio em frutos de pimento (https://shorturl.at/pvwNS)

As queimaduras de frutos ocorrem como resultado de uma iluminação intensa. O tecido superficial do fruto morre e aparecem manchas brilhantes. Gradualmente, o fruto amolece e aparece uma superfície irregular. Estes danos podem ser reduzidos através da seleção de variedades adequadas (mais viçosas) e de variedades em que o fruto fica pendurado. Podem também ser evitados plantando o pimento com uma montagem óptima, cultivando o pimento em filas duplas em armadilhas feitas, regando adequadamente e colhendo cuidadosamente sem danificar e rasgar os ramos das plantas. O rebentamento dos frutos surge após uma longa seca, quando a precipitação é abundante. Este fenómeno ocorre frequentemente durante a produção de pimentos ao ar livre.

O mesmo fenómeno pode também ocorrer em áreas protegidas durante uma rega inadequada. Os frutos absorvem uma quantidade excessiva de água, dando origem a uma fenda alongada na superfície do fruto, perto do cabo, após o que o fruto apodrece. Este fenómeno pode ser evitado através de uma rega adequada e atempada.

COLHEITA DE PIMENTOS

O momento da colheita depende do tipo e da variedade de pimento, do objetivo do pimento (consumo em fresco, transformação, etc.), bem como da época de plantação, que pode ser precoce, intermédia ou tardia.

Os pimentos verdes devem ser colhidos antes do aparecimento de qualquer descoloração castanha ou vermelha. Os frutos devem estar completamente crescidos e firmes e estaladiços quando colhidos (maturidade tecnológica). Os frutos são colhidos à mão e retirados do campo em embalagens adequadas (caixas ou sacos). Durante a colheita, é importante ter cuidado para não provocar danos mecânicos nos frutos. As plantas de pimento têm ramos frágeis que se partem facilmente durante a colheita. Deve-se ter o cuidado de ter o menor número possível de ramos quebrados, porque se fazem feridas abertas, que podem ser a entrada de alguns microrganismos patogénicos. Os danos causados pela quebra de ramos durante a colheita podem afetar diretamente a redução do rendimento. Para manter a produção, o pimento deve ser colhido a intervalos regulares, em função das condições climatéricas (7-10 dias).

AVALIAÇÃO DA QUALIDADE E ACONDICIONAMENTO DO PIMENTO

Antes de mais, para abordar a avaliação da qualidade e do acondicionamento do pimento, é necessário efetuar as seguintes operações: retirar todos os frutos que não correspondam à categoria adequada, retirar todos os frutos que apresentem queimaduras solares ou danos provocados por insectos, doenças ou frutos danificados mecanicamente. Dependendo do mercado e da variedade de pimento, o tamanho dos pimentos também é exigido. Os pimentos da primeira categoria são geralmente os que apresentam uma relação adequada entre o comprimento e a largura. Os pimentos vendidos no mercado devem ser cuidadosamente limpos com um pano macio para remover a terra e o pó. Os frutos do pimento não devem ser lavados com água. Desta forma, minimizam-se as condições para o aparecimento de podridões. Se os pimentos se destinarem a ser vendidos no mercado de frescos, os produtores devem acondicioná-los em embalagens adequadas às exigências do mercado. As embalagens mais utilizadas são as caixas de cartão. O pimento que se destina à indústria transformadora tem classes distintas, consoante o fim a que se destina, se é para vários tipos de transformação, picado ou para outro fim.

MARKETING (VENDA DE PIMENTA)

Antes de iniciar a colheita do pimento, é necessário saber em que mercado será colocado. Os pimentos frescos no mercado são geralmente vendidos a granel, num tipo de embalagem adequado. Na maioria dos casos, trata-se de caixas de cartão. Existem várias alternativas básicas de comercialização (mercados) à disposição do produtor de pimento: mercados grossistas, grossistas locais, retalhistas locais (lojas). Ao planear a produção, deve considerar-se em primeiro lugar a acessibilidade ao mercado. Deve também ser efectuado um estudo de mercado (os produtores sobrestimam frequentemente a sua capacidade de vender num determinado mercado). A produção de muitas culturas hortícolas, em menos de um hectare de terra, é típica para a maioria dos produtores. Para vender pimento, é necessário recorrer a várias formas de associação (cooperativas ou outro tipo de associação). Se não recorrerem a estas medidas de agrupamento e forem os próprios produtores a levar o seu pimento ao mercado grossista, o seu produto estará sujeito às maiores flutuações de preços. Se bem que através de cooperativas, especialmente cooperativas bem organizadas através de agentes de comercialização, os produtores sejam prontamente informados das flutuações de preços. Os grossistas locais podem explorar muito habilmente estas oscilações de preços e a desorganização dos produtores.

Os retalhistas locais são também um mercado possível, mas é necessário fornecer pimentos de boa qualidade que possam ser vendidos em lojas ou no mercado retalhista, a granel em caixas de cartão. Na produção de pimento para transformação, na venda por grosso, é necessário que os produtores, se possível, celebrem um acordo com os grossistas para comercializar e entregar os pimentos a um preço pré-determinado para uma determinada categoria. Os frutos de pimento cultivados para consumo em fresco são susceptíveis de sofrer danos durante o manuseamento. A fim de os preparar para a refrigeração, é necessário garantir que os frutos estejam saudáveis e sem lesões mecânicas. É necessário gerir bem a temperatura para manter com êxito a qualidade dos frutos. Manter os pimentos às temperaturas recomendadas e com a humidade relativa adequada permite conservar os pimentos durante um máximo de duas semanas. A forma correta de armazenamento pode ajudar a evitar flutuações de preços. Se os preços forem desfavoráveis durante o período de colheita, o armazenamento e a conservação do pimento permitirão obter melhores preços.

REFERÊNCIAS

1. Mau R.,Kessing J.(1993): Frankliniella occidentalis (Pergande); Mestre do Conhecimento das Culturas
2. Mitrev S., Arsov E., Kovacevik B., Spasov D. (2017): Guia prático de proteção integrada das plantas. ISBN 978-608-244-479-6.
3. Mitrev S., Arsov E., Kovacevik B., Spasov D. (2017): Manejo integrado de pragas (MIP). ISBN 978-608-244-480-2
4. Mitrev S., Spasov D. (2002): O estado de saúde das plantas de pimenta em 2001 no distrito de Strumica. Anuário de Proteção das Plantas, XIII. pp. 79-86
5. Koleva Gudeva L., Mitrev S., Maksimova V., Spasov, D. (2013): Conteúdo de capsaicina extraído de pimenta (Capsicum annuum ssp. microcarpum L.) e seu uso como ecopesticida. Hemijska industrija, 67 (4). pp. 671-675. ISSN 2217-7426
6. Joop C. Van Lenteren (1999): Newsletter sobre controlo biológico em estufas; Laboratório de Entomologia, Wageningen, Universidade 32 pm.
7. Spasov D., Mitrev S., Spasova D. e Atanasova B. (2007): Ocorrência de doenças, pragas e ervas daninhas do pimento, variedade "Kurtovska Kapija", desde a sementeira até à colheita; Proteção das plantas, XVIII. pp. 51-55. ISSN 1409-5084
8. Spasov D., Atanasova B. (2017): Pragas de vegetais e medidas de controlo. Universidade "Goce Delchev" - Shtip, Faculdade de Agricultura. ISBN 978-608- 244-408-6
9. Spasov D., Atanasova B. (2012): Entomologia geral - guião. Universidade "Goce Delchev" - Shtip, Faculdade de Agricultura. ISBN 987-608-4504-77- 1.
10. Spasov D., Atanasova B., Spasova D., Ilievski M. (2019): O uso de predadores para o controle de Frankliniella occidentalis (Thysanoptera:

Thripidae) em pimenta em área protegida. In: 2ª reunião internacional agriscience & practice (ASP 2019), 12 de abril de 2019 Stip, República da Macedónia do Norte. , 12 de abril de 2019, Stip, República da Macedónia do Norte

11. Spasov D., Spasova D., Ilievski M., Atanasova B. (2015): A influência da temperatura na intensidade da propagação do bicudo do algodoeiro (Heliothis obsoleta fabr. = Helicoverpa armigera hb.) como praga dos pimentos na região de Strumica. Anuário - Faculdade de Agricultura, 13 (1). pp. 113-119. ISSN 1857- 8608

12. Spasov D. Spasova D., Atanasova B. (2014): Thrips (Thysanoptera: Thripidae) - importantes pragas de pimenta em estufas, na região de Strumica, República da Macedónia. Ciência e Tecnologias, IV (6). pp. 28-31. ISSN 1314-4111

13. Spasov D., Spasova, D., Atanasova, B. (2011): Composição faunística de espécies da família Aphididae em pimenta na região de Strumica. Science & Technologies, 1 (6). pp. 3-6.

14. Spasov D., Atanasova B. (2010): Produção integrada de pimenta na República da Macedónia. 1. Congresso internacional: Sustentabilidade da produção, processamento e oferta de alimentos. Conclusões do congresso. pp. 1-8. ISSN 987-961-6622-11-0

15. Spasov D., Atanasova B. (2007): Insectos nocivos ao pimento na região de Strumica. Proteção das plantas, XVIII. pp. 56-61. ISSN 1409-5084

16. Spasov D., Mitrev S., Spasova D., Atanasova B. (2007): Ocorrência de doenças, pragas e infestantes do pimento, variedade "Kurtovska Kapija", desde a sementeira até à colheita. Proteção das plantas, XVIII. pp. 51-55. ISSN 1409-5084

17. Spasov D. (2006): Fauna de espécies da família de predadores Chrysopidae na pimenta na região de Strumica. Anuário - 2006, VI. pp.

27-34. ISSN 1409-987X

18. Spasov D. (2004): Faunistic structure of coccinellidae (Coleoptera) of pepper crop in Strumica region. Yearbook - 2004/2005, Yearbook, IV/V. pp.163-174.ISSN 1409-987X

19. Pejchinovski F., Mitrev S. (2007): Fitopatologia - parte geral, Universidade "Goce Delchev" - Shtip, ISBN 978-9989-9672-3-8

20. Pejchinovski F., Mitrev S. (2009): Phytopathology - special part, Universidade "Goce Delchev" - Shtip, ISBN 978-608-4504-08-5

21. Postolovski M., Lazarevska S. (2013): Entomologia Geral, Faculdade de Ciências Agrárias e Alimentação, Universidade "São Cirilo e Metódio", Skopje. 1-260

22. Postolovski M., Lazarevska S. (2014): Entomologia Agrícola, Faculdade de Ciências Agrárias e Alimentação, Universidade "São Cirilo e Metódio", Skopje 1-527.

23. Sekulić R., Kereši T., Čubranovi M., Radonić K. (2003): Kukuruzni plamenac (Ostrinia nubilallis Hbn.) štetočina paprika; Biljni lekar, 4, 396-400, Novi Sad

Sítios Web utilizados:

https://www.https//www.iihr.res.in/sites/default/files/capsicum%20technical %2 0bulletin%20to%20iihr%20web%20site_0.pdfgoogle.com http://www.geyseco.es/geystiona/adjs/comunicaciones/304/C01140001.p df https://www.starkeayres.com/uploads/files/Sweet-Hot-Pepper-Production- Guideline-2019.pdf

https://www.uog.edu/_resources/files/wptrc/Bell_Pepper_8_16_FINAL.pdf

https://core.ac.uk/download/pdf/42990411.pdf

https://www.cardi.org/wp-content/uploads/downloads/2013/02/Cbbean-hot- pepper-production-post-harvest-manual.pdf https://www.agriculture.gov.bz/wp-content/uploads/2017/05/4.-Sweet-Pepper- Tomato-Production-Ato-Z-August-11-2015.pdf

https://www.jica.go.jp/project/english/ethiopia/010/materials/pnjn3r000000ob5f-att/02_08_04_03.pdf

https://www.jica.go.jp/project/english/kenya/015/materials/c8h0vm0000f7o8cj- att/materials_07.pdf

https://www.wifss.ucdavis.edu/wp-content/uploads/2016/10/Peppers_PDF.pdf

https://agroecology.ucsc.edu/resources/publications/grower-guides/pdf-downloads/peppers.pdf

https://www.starkeayres.com/uploads/files/Sweet-Hot-Pepper-Production-Guideline-2019.pdf

https://www.scielo.br/j/pab/a/H4GRFqfx66QYqpZSLwyXsMt/?format=pdf&lang pt

https://mdpi-res.com/d_attachment/agronomy/agronomy-12-01254/article_deploy/agronomy-12-01254.pdf

https://cagayanvalley.da.gov.ph/wp-content/uploads/2018/02/Pepper.pdf

http://www.agriculture.gov.vc/agriculture/images/stories/PDF_Documents/Hot- Pepper-Production-Guide.pdf

https://www.johnnyseeds.com/growers-library/vegetables/peppers/peppers- bell-greenhouse-production.html

https://bcgreenhouse.ca/wp-content/uploads/2015/11/Pepper-Production-Guide.pdf

MIX
Papier aus verantwortungsvollen Quellen
Paper from responsible sources
FSC® C105338

Printed by Books on Demand GmbH, Norderstedt / Germany